AF591460

# FORMATION

## DES MONTS IGNIVOMES.

# FORMATION
## DES MONTS IGNIVOMES,
### NOMMÉS VOLCANS
PAR ALLUSION A VULCAIN,
DONT ON A SUPPOSÉ QUE C'ÉTAIENT LES FORGES.

PAR B. G. SAGE,

CHEVALIER DE L'ORDRE ROYAL DE SAINT-MICHEL,
DE L'ACADÉMIE ROYALE DES SCIENCES DE PARIS,
FONDATEUR ET DIRECTEUR
DE LA PREMIÈRE ÉCOLE DES MINES.

*Igne et aqua subvertitur terra.*

A PARIS,
DE L'IMPRIMERIE DE P. DIDOT, L'AÎNÉ,
CHEVALIER DE L'ORDRE ROYAL DE SAINT-MICHEL,
IMPRIMEUR DU ROI.
1817.

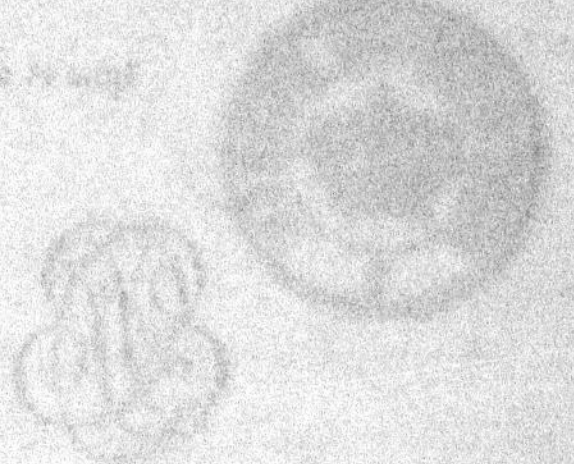

## PRÉLIMINAIRE.

L'Intelligence céleste qui a conçu les mondes, qui a fixé leur éternelle harmonie, et qui a créé les êtres, n'a pu donner naissance aux volcans (1) dans le dessein de détruire ce qu'elle a créé. Quelle est donc leur utilité? C'est un problême pour les hommes, puisque les tremblements de terre auxquels ils donnent naissance ensevelissent quelquefois des continents et des générations. C'est ce que je me propose de faire connaître dans cet ouvrage, dans lequel je divise les volcans en deux espèces distinctes.

Je nomme *territoriens* les monts ignivomes qui se forment des déjections volcaniques sur la surface de la terre.

Je nomme *neptuniens* les volcans qui

(1) Les astronomes ont reconnu qu'il existait des volcans dans la lune, dans le soleil; peut-être en est-il de même dans les autres planètes.

s'entr'ouvrent sous les eaux de la mer, dont les déjections ne sont et ne peuvent être que boueuses, parceque l'eau qui s'introduit dans le foyer du volcan divise la fritte, laquelle donne naissance à des colonnes prismatiques nommées *basaltes*, qui se trouvent disposés parallèlement et verticalement, lesquels sont identiques dans toutes les contrées.

Avant d'entrer dans quelques détails, je commencerai par faire connaître comment je suis parvenu à déterminer la cause de l'ignition des matières inflammables, qui sont en si grande quantité dans la terre, qu'elles peuvent entretenir presque éternellement un feu actif et inextinguible.

On a un exemple de l'inflammation spontanée des matières bitumineuses dans le feu qui existe depuis trois cents ans dans la mine de charbon de terre pyriteuse de Rive de Gier, nommée *Ricamarie*.

# TABLE SYNOPTIQUE

*Des Matières traitées dans ce Mémoire.*

# FORMATION

## DES MONTS IGNIVOMES.

### VOLCAN ARTIFICIEL (1).

Lorsque je suis entré, il y a soixante ans, dans la *carrière des sciences*, je fis un voyage à Beaurain, dans les environs de Noyon, afin de prendre connaissance sur les lieux de la nature d'une terre noire ayant l'apparence de la houille, laquelle, déposée en tas à l'air, y prenait feu, s'y embrasait, et se réduisait en une poudre rougeâtre, que l'on vendait sous le nom de *cendre de Beaurain*, qui était estimée comme un bon engrais ; ressource imaginée par ceux qui avaient exploité ce pré-

(1) L'Emeri dit qu'ayant enfoui en terre cinquante livres de soufre, mêlées avec autant de limaille de fer et d'eau, il obtint un volcan artificiel.

tendu charbon de terre, afin d'en tirer parti.

L'analyse de cette cendre m'a fait connaître qu'elle contenait entre autres vingt-cinq livres de vitriol martial par quintal; aussi produisait-elle des inflammations aux yeux de ceux qui étaient obligés de la répandre sur la terre.

Tout physicien sait que les sels, loin d'être des engrais, nuisent à la fécondité de la terre; qu'Attila et Barberousse firent répandre du sel marin sur les terres de Milan, dans le dessein de les frapper de stérilité.

C'est afin de procéder avec précision à l'analyse de la terre noire de Beaurain que j'en fis détacher dans la carrière, pour en remplir une cruche que je portai à Paris. C'est à cette analyse que je dois une des belles expériences qui m'a mis à portée de faire connaître les proportions de fer, de soufre et d'eau propres à produire, à l'aide de l'air, les feux qui donnent naissance aux monts ignivomes.

Ayant soumis à la distillation, dans une cornue de verre, de la terre noire de Beaurain, elle me produisit plus de la moitié de son poids d'eau, et quelques portions d'huile empyreumatique fournie par les fibres végétales qui constituent cette tourbe pyriteuse. Le charbon qui restait répandait, à l'air, une odeur de gaz hépatique, et était pyrophorique; décarbonisé par la calcination, il laissa une cendre rougeâtre, semblable à celle de Beaurain.

La quantité d'eau que j'avais obtenue par la distillation de cette tourbe me porta à faire des mélanges de parties égales de limaille de fer et de fleur de soufre, que je délayai dans de l'eau.

Huit onces de limaille de fer, mêlée avec autant de fleur de soufre, délayé dans douze onces d'eau, et mis dans une assiette de terre de huit pouces de diamètre, ce mélange se trouve recouvert de plus d'une ligne d'eau, qui ne tarde pas à être absorbée. Ce mélange se boursoufle dans le centre de l'assiette, où se forme une large crevasse, d'où s'exhalent des vapeurs d'eau chaude, lesquelles sont bientôt suivies d'un gaz hépatique insupportable, auquel succède l'embrasement d'une partie du soufre ; le résidu rougeâtre fournit, par la lixiviation, du vitriol martial : cette expérience offre, en petit, ce qui s'opère en grand dans le sein de la terre, et produit ces monts ardents nommés *volcans*.

L'eau devient l'intermède de la décomposition du fer et du soufre, lorsqu'elle s'y trouve dans la proportion indiquée dans le procédé que j'ai décrit ci-dessus, où le fer est doué de tout son phlogistique.

Si la tourbe pyriteuse de Beaurain est susceptible d'une ignition spontanée, c'est que la pyrite y est très divisée, et que le fer qu'elle contient emprunte du phlogistique dans la partie végétale. Sans cet auxiliaire, la pyrite la plus sulfureuse, après avoir été pulvérisée et mêlée avec de l'eau en diverses proportions, n'y éprouve aucune altération.

Dans les incendies souterrains causés par les charbons de terre pyriteux, c'est au phlogistique, principe de ce bitume, que le fer de la pyrite doit la propriété de devenir pyrophorique. C'est à cette propriété qu'on doit attribuer le principe de l'ignition du charbon de terre, qui sert d'aliment au feu des volcans, qui ne se manifestent que dans les lieux qui avoisinent les mers, dont le sel marin, en se décomposant par le concours du fer de la pyrite, met à nu le natron, qui devient le *medium* de combinaison du sable et de la terre calcaire qui composent les cendres, les laves, les scories vitreuses, les cellulaires, l'émail de volcan et le verre capillaire ; tandis que l'acide du sel, devenu libre, se trouve répandu dans l'atmosphère du volcan, où se manifeste une odeur semblable à celle qui s'exhale de la dissolution du fer par l'acide marin ; ce qui a été reconnu par l'abbé Nollet et par le chevalier Hamilton.

Le sel martial que l'on trouve au Vésuve, lequel est désigné improprement sous le nom *d'huile du Vésuve*, lorsqu'il a attiré l'humidité de l'air, constate ce que j'avance; fait qui m'a encore été confirmé par la rouille dont furent couverts des boutons d'acier qui étaient sur l'habit d'un de mes amis qui avait gravi le Vésuve.

Cet acide marin, se combinant avec l'alcali volatil produit par la combustion du charbon de terre, forme le sel ammoniac que fournissent les volcans.

C'est aussi cet acide marin devenu libre, et non l'acide vitriolique, qui décolore les laves noires cellulaires, en s'emparant du fer, qui leur donne une couleur plus ou moins noire, ce que j'ai vérifié en tenant de ces laves en digestion dans de l'acide marin. Le chevalier Hamilton (1) étant venu me voir dans ce

---

(1) Le chevalier Hamilton, ambassadeur d'Angleterre

même temps, s'écria en entrant dans mon laboratoire : *Je sens le Vésuve*. Et en voyant les laves que je décolorais, il me dit : *La même chose se passe au Vésuve.*

L'eau qui s'introduit dans le foyer des volcans y entre en expansion, s'exhale par leurs cratères, accompagnée de gaz de différente nature, dont les uns s'enflamment et produisent des gerbes (2) nébuleuses, souvent accompagnées de flammes étincelantes et de gaz hépatique, mêlé de *lapillo* rouge de feu.

---

à Naples, a publié un très bel ouvrage sous le titre de *Lettres sur les volcans des Deux-Siciles*, qu'il a aussi intitulé *Campi Phlegræi*, dans lesquels on trouve des détails historiques remarquables sur l'Etna et le Vésuve.

(2) La plus mémorable qu'on ait observée au Vésuve, tant par son élévation que par son ignition, a eu lieu le 9 août 1779. Le dessin que j'en ai a été fait à neuf heures du soir; aussi l'ignition en est-elle très sensible, tandis que pendant le jour elle l'est à peine.

Cette gerbe, qui s'éleva à dix-huit milles de haut, avait six milles de base.

## PRÉSAGE DE L'APPARITION D'UN VOLCAN.

Une épaisse fumée noire, une émanation hépatique, d'une odeur insupportable, qui se dégage avant l'ignition du volcan artificiel précité, lorsqu'il se manifeste en grand sous les présages de l'apparition d'un volcan nouveau, ce qui a été observé dans l'Archipel, le 23 mai 1707, entre le grand et le petit Komeni.

Cette odeur de foie de soufre, qui noircit l'argent et le cuivre, affecta les hommes qui y furent exposés, leur procura des maux de tête, accompagnés de vomissements. Des rochers noirs s'élevèrent du fond de la mer; les eaux des environs s'échauffèrent jusqu'à l'ébullition. Ce volcan rejeta pendant plus d'un an du feu et des ponces embrasées qui concoururent à former une île blanche.

Lors de la première éruption du Vésuve, en 79, sous le règne de Titus, il y a lieu de présumer que c'est un gaz hépatique semblable qui fit périr Pline à Stabia.

Ces prodiges sont précédés par des tremblements de terre, dont les secousses sont multipliées et accompagnées de bruit souterrain et de détonations bruyantes, comparables à celles de fortes pièces d'artillerie : on en a éprouvé de semblables à Naples et à Solfatare, sept jours avant l'apparition du *Monte-Nuovo*, près Pouzzol, qui a eu lieu entre le lac Lucrin et le *Monte-Barbaro*, le dimanche 29 septembre 1538, jour de Saint-Michel, comme l'a fait connaître Antonio Falconi, auteur contemporain.

La terre s'étant entr'ouverte, il s'en dégagea une fumée épaisse, accompagnée d'une vapeur de foie de soufre insupportable, et d'une quantité si prodigieuse de cendres, qu'elles furent transportées dans Naples, dans Pouzzol, et sur la côte de Bayes (1), qui en fut recouverte de plusieurs pieds, sous lesquelles disparurent les temples et les palais élevés par des empereurs romains, par Hortensius, par Cicéron, etc.

L'eau de la mer abandonna son lit, et s'éleva à vingt-cinq pieds sur la côte de Bayes; les poissons restèrent à sec sur le rivage; trois colonnes de Cipolin, dont le fût a cinquante pieds de hauteur, et qui sont les seuls restes du magnifique temple de Sérapis, furent percées circulairement par des pholades.

C'est dans l'espace de quarante-huit heures que le *Monte-Nuovo* s'éleva de cent cinquante pieds, sur trois milles de circonférence; sa bouche, ou cratère, a un quart de mille.

L'apparition de ce volcan fut précédée par des flammes; il rejeta pendant six

---

(1) Horace a exprimé les délices de cette côte dans le vers suivant :

*Nullus in orbe locus Baiis prælucet amœnis.*

jours une quantité prodigieuse de cendres et de ponces.

L'émanation hépatique qui eut lieu d'abord était si délétère et si suffocante, que les oiseaux qui traversaient sa vapeur étaient aussitôt frappés de mort.

Les commotions qu'éprouva la terre furent si violentes, que les digues du lac Lucrin se rompirent, ce qui occasiona la submersion du bourg de Tripergol.

Lors de l'apparition du *Monte-Nuovo*, l'eau du port de Naples fut absorbée par le Vésuve et vomie par son cratère (1).

M. de Humboldt (2) nous retrace dans son Histoire de la Nouvelle-Espagne l'apparition du volcan nommé *Jurullo*, qui eut lieu dans le mois de juin 1759, dans une plaine de Mexico, où il se trou-

---

(1) Le Vésuve est distant de la mer d'une lieue.

(2) M. le baron de Humboldt est un des savants dont la généralité de connaissances exactes est la plus étendue.

vait une multitude de fumeroles sous forme de petits cônes. Ce mont ignivome a cinq cent dix-sept pieds de hauteur; il est formé de cendres et de scories; sur le même terrain s'élevèrent six buttes de la hauteur de quatre à cinq cents mètres.

Le Jurullo a continué à vomir des cendres et des laves embrasées pendant neuf mois.

L'apparition du Jurullo fut précédée par des secousses de tremblement de terre qui eurent lieu pendant cinquante jours; elles étaient accompagnées d'un bruit souterrain et de détonations effrayantes.

L'histoire ne nous retrace pas l'époque de l'apparition des monts ignivomes qui sont en activité dans l'Italie, tels que l'Etna, le Vésuve et Stromboli.

L'Etna ou Mont-Gibel offre le volcan en activité qui est le plus considérable connu; il a trente milles de circonférence, ce qui équivaut à dix lieues, sur mille sept cent douze toises d'élévation.

Le Vésuve a deux tiers moins de base et d'élévation (1). Pendant les mille sept cents ans qui se sont écoulés depuis sa première éruption, il fut quatre cent quatre-vingt-douze ans sans en produire. Pendant ce laps de temps, son cratère s'était couvert de bois, et était dans le même état qu'est aujourd'hui Astruni.

On remarque dans les Isles Éoliennes le volcan nommé *Stromboli* (2), situé à trente milles de Lipari. C'est un des volcans le plus anciennement en activité continue ; il rejette de demi-quart d'heure en demi-quart d'heure, à plus de cent pieds d'élévation, des pierres embrasées, accompagnées d'une bouffée de flamme rouge. Ce volcan est le seul connu dont l'éruption soit quoditienne et non inter-

---

(1) Son élévation est de six cent neuf toises, et son circuit a dix milles.

(2) L'île de Stromboli a douze milles de circonférence.

rompue ; les autres volcans en activité, loin d'avoir des éruptions quotidiennes et horaires, ont des repos quelquefois de plusieurs siècles.

L'Hécla, en Islande, a eu un repos qui dura cent soixante-neuf ans, quoique le feu existe toujours dans son foyer, comme le font connaître les jets d'eau bouillante et jaillissante.

La Solfatare, qui est à dix milles du Vésuve, offre les restes d'un volcan qui s'est enfoui ; il fut connu sous le nom de *Forum Vulcani*. Il sort par les fentes de son sol des vapeurs d'eau chaude chargées d'alun et de vitriol martial, sels qu'on retire en faisant évaporer cette eau dans des chaudières de plomb qu'on pose sur les crevasses du terrain d'où s'exhale assez de feu pour concourir à l'évaporation.

On a désigné sous le nom d'*étuve* l'eau réduite en vapeurs par les feux souterrains. Les anciens avaient beaucoup de confiance dans ces vapeurs pour plusieurs maladies; ces vapeurs sont presque toujours accompagnées d'une odeur de foie de soufre décomposé.

Les bains d'eau chauffés naturellement sont connus sous le nom d'*eau thermale*. Si la plupart des hautes montagnes offrent des sources d'eau semblables, c'est que ces montagnes elles-mêmes ont été élevées par l'effet des volcans dont les foyers renferment encore des matières en combustion, qui procurent plus ou moins de chaleur à l'eau qui sourde de ces rochers, eau dont l'odeur fétide est due au gaz hépatique qui résulte de la décomposition du fer et du soufre.

La chaleur de l'eau des ruisseaux de la Solfatare, nommée *Pisciarelli*, fait élever le thermomètre de Réaumur à. . . . . . . . . . . . . . 68 d.

Les eaux thermales de Dax à. . 75

Celles de Balaruc à. . . . . . 43

Celles de Cauterets à. . . . . 41

Celles de Vichy à. . . . . . 40

Toutes ces eaux thermales ont une odeur hépatique ; celles d'Aix-la-Chapelle déposent du soufre aussi divisé que celui qui se vend dans le commerce sous le nom de *fleur de soufre*.

---

## ORIGINE DES ABYMES SOUTERRAINS.

Les gouffres, abymes ou souterrains ont été produits par les volcans qui ont déchiré les entrailles de la terre, et exercé une force projectile, telle qu'ils ont rejeté au-dehors les pierres et les terres réduites par l'action des feux souterrains en frittes ou espèces de vitrifications nommées *laves* par les Italiens.

On peut se former une idée de l'immense grandeur et profondeur de ces abymes, en se rendant compte de la circonférence de la base des monts ignivomes.

La surface de l'Etna (1) offre une centaine de monticules qui sont autant d'éruptions de ce volcan. Mais le Monte-Rosso, qui s'éleva en 1669 dans l'espace de trois mois, est égal au Vésuve par sa circonférence et sa hauteur.

Les plus hautes montagnes paraissent portées sur des cavités ou abymes immenses, ce qui est prouvé par le fait suivant, rapporté par M. de Humboldt.

Le *Capa-Urcu* (2), montagne qui était plus élevée que le Chimboraço, s'engloutit dans la cavité au-dessus de laquelle elle était, et d'où il sortit un volcan dont l'éruption dura sept années, pendant lesquelles il régna de profondes ténèbres, ce qui fit déserter le pays par les Indiens.

(1) Nommé par les Arabes *Mont-Gibel*, qui signifie une montagne par excellence.

(2) Le mot indien *Capa-Urcu* signifie chef des montagnes.

## CAUSE DES TREMBLEMENTS DE TERRE.

L'apparition des monts ignivomes est toujours précédée par des tremblements de terre qui se propagent au loin, ce qui porte à croire que les volcans ont des communications entre eux. Le tremblement de terre qui engloutit une partie de Lisbonne en 1755 se fit sentir en même temps au Pérou. Lors de l'apparition du Monte-Nuovo en 1538, il fit une attraction si grande sur le Vésuve qu'il aspira l'eau du port de Naples, eau qui fut revomie, pour la plus grande partie, sur les terres circonvoisines du Vésuve.

C'est à l'eau mise en expansion par l'immense chaleur du feu des volcans que sont dues les commotions de la terre, et ses déchirements plus ou moins fatals.

L'effet le plus effrayant des tremblements de terre est celui qu'on éprouva à la Jamaïque, le 7 juin 1792; il fut précédé par un ouragan, ou trombe ventifère, qui enleva les toits des maisons. Le sable sur lequel on marchait soulevait les personnes qui le foulaient aux pieds. La terre s'entr'ouvrit plus ou moins profondément, et engloutit les hommes.

Dans l'espace d'une minute, la plus grande partie des maisons de Port-Royal furent englouties et couvertes de trente pieds d'eau, accompagnée d'une odeur fétide. Cette eau, qui jaillissait par torrents des crevasses, reportait quelquefois les hommes qui avaient été ensevelis, et dont plusieurs étaient encore vivants.

Dans le même temps une partie de l'eau de la mer abandonna son fond, et le poisson resta à sec.

Les maisons de la ville de Liguania furent presque toutes renversées par ce tremblement de terre. Des terrains furent transportés; d'autres couverts de forêts disparurent, et n'offraient plus que des lacs.

Les secousses de ce tremblement de terre se firent ressentir dans la Jamaïque pendant l'espace de deux mois. Durant les vingt premiers jours on en éprouvait cinq ou six en vingt-quatre heures. Des montagnes furent renversées, et il en sortait des torrents d'eau par les crevasses qui s'y étaient formées.

On vit dans ce même temps des vallées disparaître par le rapprochement de deux montagnes. La rivière qui coulait dans une de ces vallées fut forcée de prendre un autre cours.

Cette horrible convulsion de la nature était accompagnée d'un bruit effrayant, produit par la détonation des gaz qui se sont enflammés dans le sein des volcans.

L'ouragan produisit un grand ravage dans Port-Royal. Les vaisseaux qui s'y trouvèrent s'entre-choquèrent, se brisèrent. Un vaisseau qui était en carène fut enlevé par l'eau et porté sur le sommet d'une maison, où il s'arrêta. Les habitants qui cherchaient à sauver leur vie s'y attachèrent, et beaucoup lui doivent leur salut.

Les tremblements de terre sont si fréquents au Pérou, que, dans l'espace de plus de trois mois, du 28 octobre 1746 au 24 février 1747, on éprouva à Lima et à Callao, son port, quatre cent cinquante secousses, dont les premières renversèrent, en moins de trois minutes, la plus grande partie des maisons.

En 1797, cent cinquante mille hommes de toutes couleurs furent ensevelis, par un tremblement de terre, dans la vallée de Quitto.

Lisbonne a été deux fois détruite par des tremblements de terre. Celui arrivé le 1er novembre 1755 offre le tableau du plus grand désastre. Les édifices furent renversés; les eaux du Tage se gonflèrent d'une telle manière qu'elles inondèrent cette ville, qui fut en outre en proie au plus grand incendie (1).

---

(1) Le tremblement de terre qu'éprouva Lisbonne en 1532 produisit autant de désastres dans cette ville.

Le tremblement de terre qui se fit éprouver à l'Etna en 1693 engloutit quarante-neuf villes ou villages, et près de cent mille habitants.

En 1805, le Vésuve s'étant ranimé, ses éruptions furent précédées par un tremblement de terre, dont le ravage se fit sentir dans le comté de Nolise, où plusieurs villes ou villages ont été presque entièrement détruits. Il y périt environ trente mille personnes.

Messine fut culbutée par un tremblement de terre le 5 février 1783; toute la Calabre s'en ressentit; des gouffres s'ouvrirent de toutes parts, engloutirent des rivières, ensevelirent des villes entières. Deux mille cinq cents habitants de Scylla quittèrent leur ville pour se rendre sur les bords de la mer, où ils furent engloutis; la ville n'éprouva aucun désastre.

En 1730, la ville de Meaco, dans le Japon, fut ensevelie avec un million d'hommes, par l'effet d'un tremblement de terre, qui sont très fréquents dans cette contrée, où il se trouve beaucoup de volcans, et une si grande quantité de soufre dans quelques endroits qu'il devient une branche de commerce considérable dans le Japon.

La ville d'Antioche en Syrie fut engloutie, avec cinq cent mille habitants, lors d'un tremblement de terre qui eut lieu l'an 480, la septième année du règne de Justin.

On doit distinguer les volcans par la nature de leurs éruptions, et les diviser en *neptuniens*, ou *sous-marins*, et en volcans *territoriens*, dont les éruptions sont rejetées sur la terre.

Quoique les volcans aient une origine commune, les éruptions des neptuniens se présentent toujours sous forme de grands prismes, nommés *basaltes*, prismes qui ne se forment que par l'agglutination des cendres qui prennent corps à l'aide de la chaux, à la manière des mortiers ou ciments, tandis que, dans les volcans qui se manifestent sur la terre, la fritte qui donne naissance aux laves est rejetée dans différents états vitreux, au lieu que, dans les volcans neptuniens, l'eau qui s'introduit dans leur immense foyer divise toutes les frittes vitreuses, ce qui produit ce qu'on nomme *cendre*.

Les tremblements de terre sont plus fréquents en Islande, et moins funestes que dans les autres pays, parceque l'eau mise en expansion par le feu de l'Hécla trouve des issues; on en compte jusqu'à cinquante dans les environs de ce volcan.

Une de ces sources d'eau jaillissante, nommée *Geyser*, produit une gerbe d'eau bouillante, qui s'élève par intermittence à quatre-vingt-douze pieds; son diamètre est de cinquante pieds.

La coupe, ou ouverture, d'où sort cette gerb e offre un immense cylindre quartzeux; les cinquante fontaines adjacentes jaillissent en même temps.

Le jaillissement de ces eaux est précédé par un bruit épouvantable, semblable à celui que produiraient plusieurs coups de canon qui se succéderaient.

M. Banks (1) a cité une fontaine d'eau bouillante et jaillissante d'Islande, qu'il nomme le *grondant*, qui s'éleva à plus de cent pieds, et que celle qui lui succéda s'éleva encore plus haut avec la célérité d'une flèche.

Il y a plus de *six* cents ans que ces sources d'eau jaillissante existent en Islande, puisque *Saxo Grammaticus* en fait mention dans son histoire du Danemarck, qui parut dans le douzième siècle.

L'Islande offre des singularités particulières. Du flanc des montagnes sortent des fleuves inattendus, tandis que d'anciennes rivières se dessèchent.

Les aurores boréales y colorent la neige en rouge vif; souvent, pendant

---

(1) M. Banks, président de la Société royale de Londres, a publié les découvertes qu'il a faites dans ses voyages avec Cook, Solander et Reinold Forster.

la nuit, la terre, enveloppée d'un réseau de flamme, est frappée d'éclairs continuels : la terre gronde sourdement sous les pieds des voyageurs. Les animaux font alors entendre des gémissements plaintifs, pronostics des tremblements de terre.

On a détourné, en Scythie et à Taurus en Perse, les effets désastreux produits par les tremblements de terre, qui sont fréquents dans ces contrées, en multipliant des puits qui communiquent entre eux par des galeries, et laissent des issues à l'eau mise en expansion, ce qui a été pratiqué en 1721.

Ce que je viens de rapporter relativement aux sources d'eau jaillissante de l'Islande indique que celle que produit le Macaluba est également due à l'eau mise en expansion par le feu d'un volcan.

Le Macaluba offre un monticule de cent cinquante pieds de hauteur ; son sommet a un demi-mille, et offre une multitude de petits cônes de deux pieds de haut, excavés en entonnoirs, d'où sort de l'eau argileuse, mêlée de gaz méphitique. Ce monticule paraît être le cratère d'un volcan, fermé par une voûte argileuse. Il est situé entre Arragona et Girgenti en Sicile, à environ une lieue de la mer.

Après les pluies d'automne, les environs du Macaluba éprouvent des tremblements de terre, précédés par des détonations souterraines, accompagnées d'une forte odeur de foie de soufre, et il s'élève du sommet du Macaluba, trois ou quatre fois en vingt-quatre heures, des gerbes d'eau argileuse à plus de deux cents pieds.

Le pétrole qu'on trouve sur le sommet du Macaluba indique que le charbon de terre sert d'aliment au feu du volcan qui produit les effets précités.

## LISTE DES MATIÈRES REJETÉES PAR LES VOLCANS.

Les volcans de l'Italie offrent de la fumée qui s'exhale sans cesse de leur orifice; elle a différents caractères. Elle est essentiellement formée d'eau vaporisée, mêlée de différents gaz, hépatique, inflammable, acide, entremêlés de cendres. La colonne verticale qui en résulte est noire et épaisse, et paraît n'offrir, la nuit, qu'une colonne de feu.

La cendre de volcan qui a été rejetée en si grande quantité par le Vésuve n'est autre chose qu'une fritte vitreuse, composée de chaux, de quartz divisé, de natron et de fer.

L'éruption du Vésuve, qui eut lieu en 79, produisit, pendant trois jours, une fumée noire et une si prodigieuse quantité de cendres, que les ténèbres régnèrent pendant ce temps. Ces cendres ensevelirent Herculanum, Pompeï et Stabia; et, dans le même temps, Constantinople, qui est à deux cent cinquante lieues du Vésuve, fut couvert d'une si grande quantité de ces cendres, qu'une partie de ses habitants l'abandonnèrent.

Agricola rapporte qu'on institua une fête à Constantinople en commémoration de cet événement.

Les *fouilles* faites à Herculanum font connaître que cette ville a été enfouie sous soixante-dix et à cent vingt pieds de lave boueuse, qui s'est solidifiée; elle est connue sous le nom de *tufa;* j'en ai qui renferme des coquilles qui ont été rejetées avec l'eau de mer, qui a été aspirée par le Vésuve en si grande quantité, que le port de Naples s'est trouvé à sec, et que cette même eau bouillante, rejetée par la bouche du Vésuve, a détruit de fond en comble Portici et Torre-del-Greco.

La déjection pulvérulente, connue sous le nom de *pouzzolane*, qui constitue les catacombes de Rome, a une teinte violacée, et est entremêlée de grenatoïdes blancs.

Lorsque la fritte, composée de chaux, de quartz, de natron et de petits schorls noirs, commence à s'intumescenter, elle s'élève avec tant d'activité, qu'elle s'échappe du cratère ou du flanc du Vésuve, et constitue la lave grise, solide, compacte, susceptible du poli. Cette lave est employée à paver les rues de Naples.

Si la fritte vitreuse a éprouvé une plus forte chaleur, elle se boursoufle, et offre de grandes cellules, peu épaisses. J'ai un morceau de cette lave couverte d'efflorescence, blanche de sel de glauber.

Si cette scorie vitreuse a éprouvé plus de feu, la lave qui en résulte offre de petites cellules rondes; sa couleur est plus noire que celle des *scories*, et la combinaison vitreuse ne s'y trouve pas encore complète, puisqu'on peut décomposer cette lave en la tenant en digestion dans de l'acide marin, qui dissont la terre calcaire, le natron, et une portion du fer auquel était due la couleur noirâtre de cette lave, qui alors est devenue jaune safranée et friable, et ne laisse que le quartz, quelquefois mêlé de schorls noirs.

Lorsque la lave est enlevée sous forme de petits morceaux rouges de feu, elle offre une gerbe d'artifice. Ces fragments de lave, refroidis, sont nommés *lapillo* et *spongiliote*, lorsqu'ils sont arrondis et ont la forme d'une pomme.

Toutes ces variétés de laves se changent en émail noir, nommé *pierres obsidiennes* quand elles ont été exposées à un feu violent. Cet émail est commun en Islande, ce qui prouve que le foyer de l'Hécla offre une intensité de feu plus grande que celle des volcans d'Italie. Celui de l'île de l'Ascension a produit, dans une de ses éruptions, du verre jaunâtre en faisceau capillaire.

Les îles Lipari offrent des volcans qui produisent une espèce de lave poreuse, blanche, légère, plus ou moins striée et satinée, qu'on nomme *pierre ponce*; les volcans de l'île de l'Archipel en fournissent aussi.

Bertrand rapporte, dans son dictionnaire des fossiles, qu'un capitaine hollandais étant, en 1726, à environ soixante lieues du Cap de Bonne Espérance, trouva la mer couverte de pierre ponce, dans un parage de plus de six cents lieues.

Quoique Dolomieu (1) ait avancé que la pierre ponce est le produit de la fusion des granits, je ne puis adhérer à cette assertion, et je regarde cette lave comme étant le produit de la fusion du *gaestein* (2), que ce savant a pris pour un verre de volcan; gaestein, qui a été désigné par le mot *retinite*, par de Lame-

(1) On doit à M. Déodat de Dolomieu plusieurs ouvrages intéressants sur les volcans, entre autres la description de ceux des îles de Lipari.

(2) Ce mot suédois signifie *pierre écumante*.

therie et de *pechstein porphyre*, par Verner, substance qui se trouve dans les îles Lipari; elle est abondante en Auvergne, au Puy-Griou, dans le Cantal, où on l'emploie pour ferrer les chemins et en construire des murailles.

Cette pierre a une teinte verdâtre, et produit près d'un cinquième d'eau par la distillation; elle se fond en un verre cellulaire qui nage sur l'eau.

L'acide marin ayant dissous une partie du fer des laves, le sel déliquescent qui en résulte, étant desséché et sur-calciné, devient gris, brillant et spéculaire. Tel est celui qu'on trouve au Vésuve, au Mont-d'Or, etc.

La mine de fer spéculaire de l'île d'Elbe serait-elle aussi d'origine volcanique?

On trouve dans beaucoup de laves des environs de Rome une espèce de grenat blanc plus ou moins friable; ce qui leur a fait donner le nom de *laves à œil de perdrix*.

Les laves de l'Etna en Sicile renferment des feldspaths et des schorls.

Les grands basaltes prismatiques doivent leur forme à une retraite aqueuse, et sont identiques dans toutes les contrées, parcequ'ils sont tous produits par la fritte vitreuse ébauchée qui a été divisée par sa submersion; d'où a résulté la lave boueuse.

J'ai dans mon cabinet un morceau de tuf qui s'est chargé d'une belle efflorescence blanche, capillaire et caustique, formée d'acide ignifère et de terre calcaire; sel qui fulmine sur les charbons ardents.

Le Vésuve aspirant l'eau de la mer, il n'est pas étonnant qu'on y trouve du sel marin blanc. Lorsqu'il a été décomposé par la terre calcaire, il en résulte du natron. Cet alcali concourt à la fritte et à la vitrification du quartz qui fait partie des laves.

La quantité de sel ammoniac que fournissent les volcans est due à l'alcali volatil produit par la décomposition du charbon de terre qui sert d'aliment aux feux souterrains, cet alcali s'étant saturé d'acide marin.

Le soufre, qui est une des parties constituantes de la pyrite, se trouve quelquefois sublimé sur les parois des cratères des volcans; et, s'il s'est combiné avec de l'arsenic, il en résulte du *réalgar,* nommé *rubine d'arsenic.*

Ce soufre, brûlant par l'action du feu des volcans, fournit de l'acide vitriolique, lequel, combiné avec l'alumine, principe des argiles, constitue de l'alun, ou de la sélénite si c'est avec de la terre calcaire. Celle-ci repose quelquefois sur des masses de soufre citrin.

Si l'acide vitriolique s'est combiné avec du fer, il en résulte du vitriol martial.

Les volcans rejettent quelquefois des pierres de différente nature, qui n'ont pas sensiblement été altérées par le feu, mais qui ont été engagées dans le tourbillon projectile produit par l'expansion de l'eau, réduite subitement en vapeur. La chasse due à l'explosion de la poudre à canon est le produit de l'expansion de l'eau de cristallisation du salpêtre, opérée par l'activité du feu qui résulte de l'inflammation de la poudre.

L'effet terrible des trombes ventifères n'est aussi dû qu'à l'expansion de l'eau, pénétrée par un globe de feu météorique.

Les effets de l'eau vaporisée dans la pompe à feu ont été calculés, et sont prodigieux, comme on le sait.

Parmi les volcans en activité, l'Etna est celui qui a fourni les laves les plus considérables. La ville de Catane n'avait point de port; une éruption de laves lui en fournit un, qui fut détruit cent ans après par une autre éruption en 1590.

Cavanilles (1) rapporte que, dans une éruption d'un volcan de Moya dans le Péron, elle remplit en peu de temps une

(1) Célèbre botaniste espagnol.

vallée de mille pieds de largeur sur une profondeur de six cents pieds. Cette lave boueuse se durcit au point d'interrompre le cours des rivières.

---

## VOLCANS NEPTUNIENS.

Quoique les matières inflammables qui constituent le feu de ces volcans soient de même nature que celles qui donnent naissance aux volcans territoriens, cependant leurs produits n'offrent ni ponce, ni lave vitreuse, parceque l'eau de la mer s'étant introduite subitement en grande quantité dans le foyer de ces volcans, a pénétré et divisé la fritte, qui est rejetée sous l'eau de la mer à l'état de lave boueuse, dont la quantité est souvent si immense qu'il en résulte des colonnes basaltiques, verticales, dont la réunion s'étend à plusieurs lieues. Ces prismes sont d'un seul jet, lorsque le dépôt de la lave boueuse a eu lieu dans un même temps. Sans cela, ces colonnes sont articulées.

N'importe les contrées où se rencontrent les chaussées de basaltes, la couleur de cette pierre est toujours la même. Sa teinte est noirâtre. Cette pierre est susceptible d'un beau poli, et renferme quelquefois de petites chrysolites, et des cristaux de zéolite et de spath calcaire.

Le diamètre et la hauteur des basaltes prismatiques diffèrent suivant la quantité de fritte qui était dans le foyer du volcan. Aussi trouve-t-on dans l'île de Staffa (1) des basaltes articulés qui ont cinq pieds de diamètre sur cinquante de hauteur; tandis que les basaltes dont est formé ce qui est désigné dans le comté d'Amtrim en Irlande sous les noms de

(1) L'île de Staffa, qui a trois milles de circonférence, est formée par un amas de grands basaltes articulés, dont les prismes ont cinquante pieds de hauteur; ils portent une masse de rochers de soixante pieds d'élévation.

*pavé* ou *chaussée des géants* n'ont pas un pied de diamètre. Ces prismes sont au nombre de trente mille, n'ont pas d'adhérence entre eux. Leur forme n'est pas due au retrait d'une fusion vitreuse, mais à celui d'une pâte molle qui s'est solidifiée à la manière du mortier, dont ils diffèrent peu, puisque cette éruption boueuse est composée de chaux, de quartz, de natron fourni par le sel de la mer; d'où est résulté un mortier qui a pris de la solidité en se desséchant.

La cendre de volcan rejetée par le Vésuve, étant réduite par l'eau à l'état d'éruption boueuse, prend aussi de la solidité en se desséchant, comme on le reconnaît dans le tufa qui recouvre Herculanum.

Les grandes colonnes prismatiques de basalte décèlent que les volcans éteints de l'Auvergne et du Vivarais (1) ont été

---

(1) On doit à M. Faujas de Saint-Fond, professeur de géologie, un ouvrage intéressant qui a pour titre :

sous-marins, et les différentes espèces de laves qu'on y trouve prouvent qu'ils sont devenus ensuite monts ignivomes.

L'Etna (1) paraît aussi avoir commencé par être neptunien, puisqu'on trouve vers sa base de grands basaltes prismatiques renversés par un tremblement de terre; et ensuite ce volcan est devenu ignivome, et a projeté l'immensité de laves dont cette montagne est composée.

On trouve dans une des îles de Lipari une singularité remarquable; ce sont des prismes de basalte de cinq à sept pouces de long sur deux et trois de diamètre, qui sont posés horizontalement. Leur couleur est grisâtre; ils sont pénétrés

---

*Description des volcans éteints du Vivarais.* Il a aussi donné une Minéralogie des volcans.

(1) Les éruptions des laves ardentes de l'Etna ont été admirablement dépeintes par ces deux vers de Virgile :

*Vidimus undantem ruptis fornacibus Ætnam,*
*Flammarumque globos liquefactaque volvere saxa.*

de sel marin, qui cause leur efflorescence.

Les basaltes prismatiques exposés à un feu violent y entrent en fusion, et produisent un émail noir semblable à la pierre obsidienne.

L'expérience suivante prouve d'une manière péremptoire que les basaltes doivent leur forme à la voie humide.

Ayant pris un fragment d'un basalte d'Auvergne en prisme à cinq pans, dont la dureté extrême le rendait scintillant, on eut beaucoup de peine à le réduire en poudre, laquelle, soumise à la distillation au fourneau de réverbère, dans une cornue de verre, a produit un cinquantième d'eau, c'est-à-dire deux livres par quintal.

Ce basalte déviait l'aiguille aimantée; ayant été poli, il était du plus beau noir.

Ce basalte pulvérisé, ayant été exposé au feu dans un creuset, y a passé à l'état d'émail noir, qui fait feu avec le briquet. Ce verre n'a pas d'action sur le barreau aimanté.

J'ai reconnu que ce basalte contenait entre autres un tiers de terre calcaire, après l'avoir tenu en digestion dans dix parties d'acide marin, qui a pris une belle couleur jaune due à une portion de fer.

J'ai dégagé la terre calcaire de cet acide marin, en le saturant par de l'alcali fixe déliquescenté. Ce qui restait, après avoir été reçu sur un filtre et lavé, pesait les deux tiers du basalte, et, après avoir été séché, avait une couleur cendrée; il contenait du quartz très divisé mêlé de chrysolite.

Les expériences précitées prouvent d'une manière incontestable que la forme prismatique des basaltes n'est pas le produit immédiat de la fusion des matières qui le composent, mais que cette forme polygone est due à un retrait aqueux, retrait qui s'observe dans les masses gypseuses dont est formée la colline de Montmartre.

## ILES SORTIES DU SEIN DES MERS.

Ces effets prodigieux doivent être attribués aux volcans sous-marins dont la force expansive a séparé de la mer une partie de son sol.

Ces apparitions d'îles nouvelles ont été connues des anciens, qui les ont désignées par l'épithète *hiera*, qui signifie *île sacrée*. Celle de Santorin, vu sa grandeur, fut désignée par l'épithète *calista*, qui signifie très belle, sortit de la mer par un effet volcanique. Son centre y rentre en partie.

Les Cyclades sont sorties du sein des mers deux cent trente-sept ans avant l'ère chrétienne.

En 1628, une des îles Açores, voisine de l'île Saint-Michel, s'éleva du fond de la mer en quinze jours; elle a trois lieues de long sur une de large, et s'élève à trois cent soixante-six pieds au-dessus de l'eau.

---

## TERRE PROPRE A LA VÉGÉTATION PRODUITE PAR LE DÉTRITUS DES LAVES.

De toutes les parties du globe, l'Italie est celle où l'on rencontre le plus de volcans, tant éteints qu'en activité; presque tout son sol paraît y avoir été en proie.

Les cratères de plusieurs de ces volcans éteints se trouvent aujourd'hui remplis d'eau, et offrent des lacs. L'Averne, Bolsena, Nemi, Agnano nous en offrent des exemples.

Quelquefois l'intérieur de ces volcans éteints est revêtu de bois : tel est Astruni; tel fut aussi le Vésuve pendant le laps de quatre cent quatre-vingt-douze années qu'il fut sans manifester d'ignition.

Le temps altère, atténue les laves, d'où résulte une terre très propre à la végétation; ce qui n'a lieu qu'après le laps de plusieurs siècles.

Le limon du Nil, qui est regardé comme une des terres les plus propres à la végétation, est congénère de la terre qui résulte du détritus des laves : aussi ce limon du Nil passe-t-il, par la fusion, à l'état d'émail noirâtre, comme je l'ai fait connaître.

---

## NOTE.

Uniquement occupé, depuis plus de soixante années, de l'étude de la nature et de l'analyse de ses productions, j'ai été assez heureux pour faire beaucoup de découvertes utiles, dont j'ai rendu compte successivement dans les ouvrages que j'ai publiés. Je ne me suis pas seulement arrêté aux productions terrestres, mais j'ai encore cherché à me rendre compte des phénomènes qui ont lieu dans les régions supérieures.

Je considère la matière éthérée qui est répandue dans le firmament comme un gaz impondérable, congénère du phlogistique le plus pur, lequel, exalté par le mouvement giratoire accéléré des planètes et des étoiles, donne naissance à l'électricité sidérale, qui n'est que lucifère. C'est de sa décomposition que résulte le gaz magnétique impondérable, cause de l'attraction planétaire.

J'ai fait connaître que la lumière qui émane du soleil n'acquérait la propriété calorifère qu'après s'être combinée, dans la région inférieure de l'atmosphère terrestre, avec du gaz déphlogistiqué aérien ; d'où résulte une espèce de pyrophore qui brûle sans odeur, en produisant une chaleur qui ne passe pas trente-deux degrés du thermomètre de Réaumur, degré qui est aussi celui du corps humain, et celui qui est nécessaire pour l'incubation.

Les phénomènes atmosphériens désignés sous le nom de *météores* m'ont aussi occupé, et je crois avoir donné des notions suffisantes sur leur nature et leurs effets.

La décomposition de l'air par la seule pression dans la pompe foulante ignifère dont le corps est en cristal, m'a fourni une étiologie simple de la formation de six météores, puisque cette pression offre d'abord une lumière colorée rouge, produite par l'expansion du phlogistique dégagé des gaz qui constituent l'air. Une partie de l'acide ignifère qui en est principe se trouve alors modifiée en gaz électrifiable, lequel, combiné avec de l'eau, la modifie en gaz nébuleux qui ne manifeste plus d'humidité; telles sont les nuées blanches. Mais, dès que le gaz électrifiable a trouvé dans l'atmosphère à se saturer de phlogistique, il en résulte de l'électricité, et l'eau qui constituait la nuée tombe sur la terre sous forme de pluie.

L'électricité se décompose spontanément; son résidu est un gaz attractif, impondérable, inodore, lequel, incarcéré dans le fer, lui donne les propriétés polaires. Ce gaz attractif existe constamment dans l'atmosphère, où il a un courant du nord au sud.

Ce que l'air décomposé par la pression dans la pompe foulante ignifère nous offre en petit se produit continuellement en grand par la décomposition qu'éprouve l'air ambiant par la pression giratoire du globe terrestre. La lumière qui se dégage d'abord se porte aux deux pôles, ce qui constitue les aurores boréales.

Le gaz électrifiable se combine avec l'eau produite par la décomposition de l'air; d'où résultent les nuées, qui reprennent le caractère de fluide aqueux lorsque le gaz électrifiable, s'unissant avec du phlogistique, constitue de l'électricité, de la décomposition de laquelle naît le gaz attractif polaire.

De la destruction des corps organisés résultent des émanations gazeuses qui se répandent dans l'atmosphère, et qui concourent, par leur réunion, à donner naissance à des globes de feu dont la combustion offre des effets différents, suivant la nature des gaz qui les composent. J'en ai fait connaître cinq espèces distinctes, savoir :

Les bolides ou globes de feu qui brûlent en laissant après eux une traînée de fumée noire due au gaz hépatique, huileux, qui a concouru à les former.

D'autres globes de feu météoriques, contenant plus de gaz inflammable, produisent des flammes accompagnées de fumée.

Une troisième espèce de ces globes plus pesants tombe sur la terre, éclate avec un bruit épouvantable, et répand une odeur de soufre mêlé de gaz hépatique. Ce terrible effet explosif me paraît résulter de la combinaison de l'acide ignifère avec du gaz alcalin qui s'en développe.

Les globes de feu lapidivomes éclatent sans détonation bruyante, et paraissent avoir été divisés par une fulmination électrique. Les éclats de pierres brûlantes qu'ils rejettent sont en partie couverts d'un enduit vitreux noirâtre, dont la couleur est due au fer, qui est un des principes de ces pierres, qui sont en outre formées de moitié de leur poids de quartz blanc, d'alumine, de magnésie, et d'un peu de soufre.

La foudre, que je considère comme un météore ignifère, ne me paraît être que l'acide igné concrété.

J'ai fait connaître que les globes de feu météoriques de la première espèce concouraient essentiellement à former les trombes, que j'ai divisées en *aquifères* et en *ventifères*, dont j'ai décrit les propriétés dans les ouvrages que j'ai publiés.

L'analyse des productions terrestres m'a fait connaître que le développement et l'accrétion des végétaux étaient dus aux principes qu'ils attirent de l'atmosphère ; que la lumière concourait à leur forme et à leur couleur ; que l'eau qui circulait dans les végétaux tenait en dissolution une matière sucrée nommée *sève*, laquelle, modifiée par la fermentation vineuse, donnait naissance aux huiles.

J'ai aussi prouvé que Van Helmont avait eu raison d'avancer que la terre n'introduisait rien dans les végétaux ; que l'eau et l'atmosphère étaient les seuls agents de la végétation.

En parlant du règne animal, j'ai fait connaître que l'air était le principal agent de l'acte vital ; qu'introduit dans le poumon, il s'y décomposait par la pression de ce viscère, produisait de la chaleur et du gaz électrifiable, qui circulait avec les différents fluides dans les vaisseaux qu'il titillait. Mais la plus grande quantité de ce gaz se convertit en électricité, dont la surabondance s'exhale sans cesse du corps de tous les animaux pour se rendre dans la terre, qui en est le réservoir commun.

L'analyse des masses solides qui constituent le globe terrestre offre des sels insolubles de différente nature nommés *pierres*. D'autres sont inflammables, tels que le soufre, les bitumes et les métaux, qui n'ont de ressemblance entre eux que par le principe métallisant; que tous ont pour base des terres spécifiques dont on ne peut opérer la transmutation.

Ce dernier travail sur la formation des monts ignivomes vient de m'offrir des vérités péremptoires qui n'ont pas été entrevues par les célèbres géologues qui ont écrit sur les volcans, parcequ'ils n'ont pas eu recours à l'analyse de leurs produits. Ces nouvelles vérités accroissent le domaine de nos connaissances; aussi, malgré mon grand âge, n'abandonnerai-je l'étude et le travail que lorsque les facultés mentales me manqueront.

Je viens de terminer ma cinquante-huitième année de professorat, et je continuerai à remplir ma chaire tant que la nature m'accordera des forces. Je les tiens du régime céréal que je suis, et du travail continu qui m'aide à tromper les peines de la vie.

La postérité apprendra avec peine que, d'après tout ce que j'ai fait pour les sciences et pour mon pays, et qu'après avoir élevé à mes frais, quand j'étais riche, un des beaux monuments de l'Europe, je suis privé depuis vingt-deux ans de ma fortune par l'ingratitude et la malveillance (1).

Heureusement que l'adversité (2) n'a pas altéré mon ame ni mon hilarité, vivant bien avec moi-même, n'ayant

---

(1) Ce qui m'a privé de cinq cent mille francs.

(2) Ce que j'éprouve m'a fait connaître la justesse de ce passage de Sénèque :

*Ignis aurum probat, miseria fortes viros.*

La spoliation de ma fortune m'a fait dépenser des forces que je ne me connaissais pas.

aucun reproche à me faire, et jouissant de l'estime du meilleur des Rois, qui vient de m'en donner une marque insigne en me désignant le premier sur sa liste de promotion au grade de chevalier de l'ordre royal de Saint-Michel.

Il est intéressant pour la chose publique que les ministres voient à la Monnaie le monument que j'ai élevé à la mémoire de Louis XVI, qui a créé, à ma demande, en 1783, l'école des mines.



FIN.

www.ingramcontent.com/pod-product-compliance
Ingram Content Group UK Ltd.
Pitfield, Milton Keynes, MK11 3LW, UK
UKHW022133260726
13993UKWH00003B/1405

9 782329 249711